Fabian Seyffarth

Der Produktlebenszyklus und seine wirtschaftsräumlichen Implikationen aus nationaler wie internationaler Perspektive

GRIN Verlag

Bibliografische Information der Deutschen Nationalbibliothek:

Die Deutsche Bibliothek verzeichnet diese Publikation in der Deutschen National-
bibliografie; detaillierte bibliografische Daten sind im Internet über http://dnb.d-
nb.de/ abrufbar.

Dieses Werk sowie alle darin enthaltenen einzelnen Beiträge und Abbildungen
sind urheberrechtlich geschützt. Jede Verwertung, die nicht ausdrücklich vom
Urheberrechtsschutz zugelassen ist, bedarf der vorherigen Zustimmung des Verla-
ges. Das gilt insbesondere für Vervielfältigungen, Bearbeitungen, Übersetzungen,
Mikroverfilmungen, Auswertungen durch Datenbanken und für die Einspeicherung
und Verarbeitung in elektronische Systeme. Alle Rechte, auch die des auszugsweisen
Nachdrucks, der fotomechanischen Wiedergabe (einschließlich Mikrokopie) sowie
der Auswertung durch Datenbanken oder ähnliche Einrichtungen, vorbehalten.

Impressum:

Copyright © 2006 GRIN Verlag, Open Publishing GmbH
Druck und Bindung: Books on Demand GmbH, Norderstedt Germany
ISBN: 978-3-640-70081-3

Dieses Buch bei GRIN:

http://www.grin.com/de/e-book/156499/der-produktlebenszyklus-und-seine-wirt-
schaftsraeumlichen-implikationen

GRIN - Your knowledge has value

Der GRIN Verlag publiziert seit 1998 wissenschaftliche Arbeiten von Studenten, Hochschullehrern und anderen Akademikern als eBook und gedrucktes Buch. Die Verlagswebsite www.grin.com ist die ideale Plattform zur Veröffentlichung von Hausarbeiten, Abschlussarbeiten, wissenschaftlichen Aufsätzen, Dissertationen und Fachbüchern.

Besuchen Sie uns im Internet:

http://www.grin.com/

http://www.facebook.com/grincom

http://www.twitter.com/grin_com

RWTH Aachen

Geographisches Institut

Grundseminar Wirtschaftsgeographie

Der Produktlebenszyklus und seine wirtschaftsräumlichen Implikationen in nationaler wie internationaler Perspektive

Fabian Seyffarth

Inhaltsverzeichnis

1 Einleitung

Diese Facharbeit befasst sich mit dem Produktlebenszyklus. Dieser wird im zu Beginn theoretisch dargelegt. Anschließend werden die Auswirkungen der Theorie auf die Standortwahl von produzierenden Unternehmen dargestellt. Es wird gezeigt, dass die Produktlebenszyklustheorie in nationalen wie internationalen Wirtschaftsräumen praktische Bedeutung hat.

2 Die Produktlebenszyklustheorie

Der Produktlebenszyklus beschreibt das „Leben" eines Produktes in 4 Phasen, von der Innovation bis zur „Veralterung", vom Markteintritt bis zum Marktaustritt. Vor der Markteinführung eines Produktes steht die Idee. Darauf folgt eine Invention, also eine Erfindung oder eine technische Umsetzung der Idee. Mit Kapitalinvestitionen wird auf Grundlage der Invention Forschung und Entwicklung betrieben. Es entsteht eine Innovation(vgl. Abb. 1) (vgl. Brockhoff, K. 1988, S. 19. und Bohnert, A., Mihály, L. 1984, S. 81).

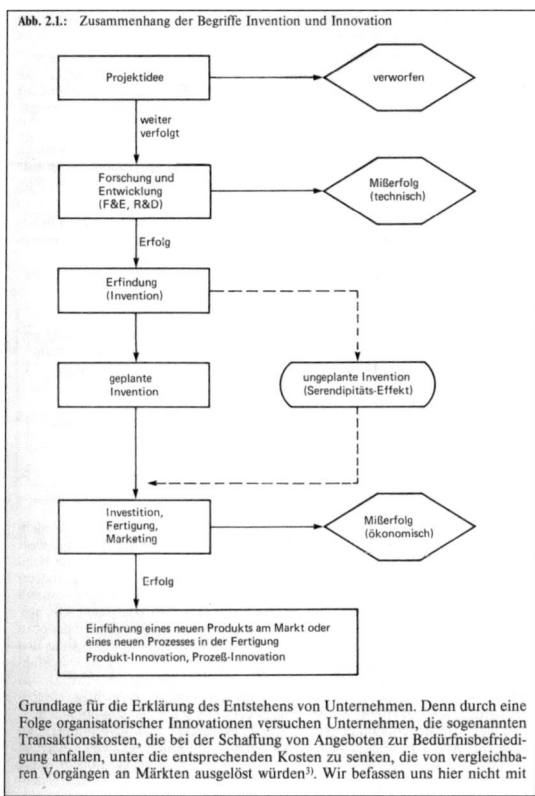

Abb.1 Von der Idee zur Innovation, schamtische Darstellung. Quelle: Brockhoff, K (1988)

Man spricht auch von Produkt-Innovation. An dieser Stelle, der Ersten Markteinführung, beginnt der Produktlebenszyklus.

2.1 Entwicklungsphase (Phase 1)

Zu Beginn eines „Produktlebens" steht nun also die Entwicklung bzw. Markteinführung (Entwicklungsphase). Die Innovation wird in der Phase 1 durch hohen Kapitalaufwand voran gebracht. Es muss eine Marktreife erzielt werden. Da das Produkt neu und unbekannt am Markt ist, stehen dem hohen Kapitalaufwand geringe Absatzmöglichkeiten entgegen (vgl. Schätzel, L. 2001, S. 210). Der Produktpreis ist also relativ hoch sein, wohingegen die Nachfrage auf dem Markt gering ist. In dieser Phase werden noch kleine Fehler des Produktes behoben und die Produktionsverfahren optimiert. Somit findet auch eine Optimierung der Produktionsprozesse statt. Jedoch liegt das Hauptaugenmerk der Forschung und Entwicklung auf der Produkt-Innovation (vgl. Bathel, H., Glückner, J. 2003, S. 231). In dieser Phase übersteigen meist die Kosten den Erlös, somit ist dies die Phase, in der ein Unternehmen Verluste erfährt (vgl. Abb. 2).

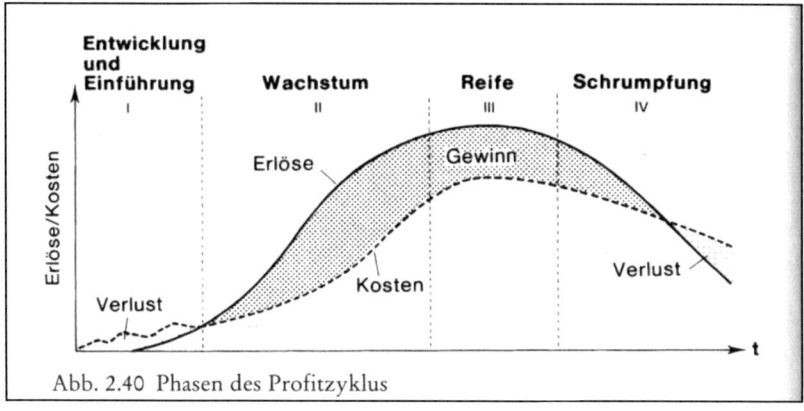

Abb. 2.40 Phasen des Profitzyklus

Abb.2. Phasen des Produktlebenszyklus, Profitzyklus. Quelle: Schätzel, L (2001)

Da die Nachfrage gering und die Kosten hoch sind, ist die Produktionsmenge auch sehr niedrig (vgl. Abb. 3). Also sind hier Kapitalinvestitionen meist gleichzeitig Risikoinvestitionen.

.

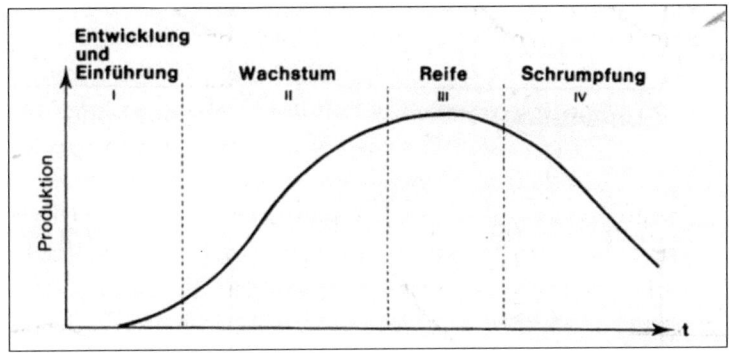

Abb.3 Produktlebenszyklus, Produktionsmenge. Quelle: Maier, J., Beck, R. (2000)

2.2 Wachstumsphase (Phase 2)

Phase zwei im Produktlebenszyklus ist die Wachstumsphase. Das Produkt hat auf dem Markt Akzeptanz erlangt und ist nun weitestgehend ausgereift. Da das Produkt absolut neu auf dem Markt ist, ist die Konkurrenz gering, Produktionsmenge und Nachfrage steigen an (vgl. Abb. 3). Die Erlöse steigen analog zu der Produktionsmenge exponentiell an (vgl. Schätzel, L. 2001, S. 210).Das produzierende Unternehmen ist nun in der Gewinnsituation (vgl. Abb.2). Die Forschung und Entwicklung konzentriert sich nun zunehmend auf die Produktionsprozesse, so werden dann so genannte Prozess-Innovationen erlangt (vgl. Bathel, H., Glückner, J. 2003, S. 231).

2.3 Reifephase (Phase 3)

Ist sowohl das Produkt, als auch der Produktionsprozess ausgereift, befindet sich das Produkt in der Reifephase. Die Produktionsverfahren sind standardisiert, die Fertigung erfolgt in Massenproduktion (vgl. Maier, J. Beck, R. 2000, S. 92). Da zu Beginn der Massenproduktion Kapital gefordert ist, steigen die Kosten noch an, während die Erlöse bereits beginnen zu stagnieren (vgl. Abb. 2). Die Gewinnspanne wird im Vergleich zur Wachstumsphase kleiner. In dieser Phase müssen betriebswirtschaftliche Maßnahmen getroffen werden, die die Kosten rationalisieren, da sonst die Schrumpfung beginnt (vgl. Schätzel, L. 2001, S. 210).

2.4 Schrumpfungsphase (Phase 4)

Wenn die notwendigen Maßnahmen nicht getroffen werden, übersteigen die Kosten den Erlös, da der Absatz zu gering ist (vgl. Abb.2). Der Mark ist fast „gesättigt" (vgl. Zingel, H. 2003, S. 6). Die Produktionszahlen sinken (vgl. Abb. 3). Am Ende dieser Schrumpfungsphase kommt es zum Marktaustritt des Produktes (vgl. Nuhn, E. 1992, S. 50). Die Quasi-Monopolstellung, welche ein Unternehmen zu Beginn eines Lebenszyklus besitzt, weicht einem hohen Konkurrenzdruck, da andere

Produzenten die, nun nicht mehr neue, Produktidee ohne hohen Kapitaleinsatz und ohne hohes Risiko übernehmen können (vgl. Schätzel, L. 2001, S. 210).

2.5 Möglichkeiten zur Verminderung der Kapitalverlustes

Um Verluste zu minimieren gibt es Möglichkeiten den Übergang, von der Reifephase in die Schrumpfungsphase zu verlangsamen (vgl. Schätzel, L. 2001, S. 210f).

2.5.1 Substitution

Bei der Substitution wird das Produkt ersetzt durch ein Produkt der gleichen Güterklasse. Beispielsweise der Schwarz-Weiss-Fernseher durch den Farbfernseher. Da dieses neue Produkt wieder FuE benötigt weißt es einen ähnlichen Lebenszyklus wie das Alte auf (vgl. Abb. 4)

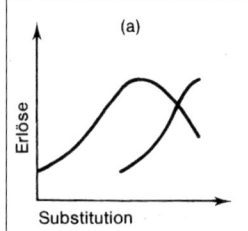

Abb.4 Produktlebenszyklus bei Substitution. Quelle: Schätzel, L (2001)

2.5.2 Produktmodifikation

Um mit dem Produkt weitere Märkte zu erschließen, wird ein Produkt immer weiter modifiziert. Durch die Modifikation werden die Entwicklungs- und die Wachstumsphase quasi übersprungen. Es entsteht auf kostengünstigem Wege eine „kleine Innovation", welche zu steigendem Erlös führt (vgl. Abb. 5).

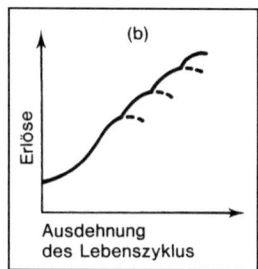

Abb.5 Produktlebenszyklus bei Modifikation. Quelle: Schätzel, L (2001)

2.5.3 Verbesserung der Produktionstechnologie

Durch weiteres Verbessern der Produktionstechnologie ist es unter Umständen möglich, weitere Kosten zu sparen und weiter wettbewerbsfähig zu bleiben. Der Erlös steigt kurzfristig stärker an (vgl. Abb. 6).

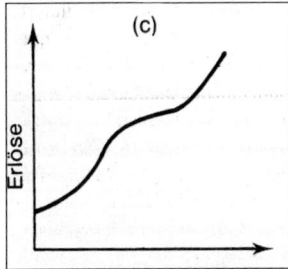

Abb.6 Produktlebenszyklus bei Verbesserung der Produktionstechnologie. Quelle: Schätzel, L (2001)

2.5.4 Rationalisierung

Durch strikte Rationalisierung und Senkung der Arbeitskosten kann der Erlös länger auf dem „Reife-Niveau" gehalten werden (vgl. Abb. 7).

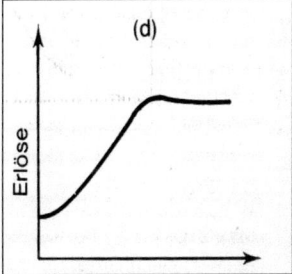

Abb.7 Produktlebenszyklus bei Rationalisierung. Quelle: Schätzel, L (2001)

3 Standortfaktoren verschiedener Produktlebenszyklusphasen

Auf Grund der unterschiedlichen Gewichtung der Bedeutungen einzelner Standortfaktoren in den Produktlebenszyklusphasen ergeben sich für jede Phase charakteristische Standorte.

3.1 Standortfaktoren der Innovationsphase

In der Entwicklungsphase und der Wachstumsphase werden Innovationen erzielt. Man kann diese beiden Phasen als Innovationsphase zusammenfassen. Da in der Innovationsphase noch nicht feststeht, welche Standortkriterien für die Massenproduktion von Belangen sein werden, findet die FuEintensive Innovationsphase dort statt, wo wissenschaftliches und technisches Fachpersonal angesiedelt ist (vgl. Abb.7). Ein weiterer Standortfaktor in dieser Phase ist der Agglomerationsvorteil, da die Unternehmen auf flexible Zulieferer angewiesen sind (vgl. Abb. 8).

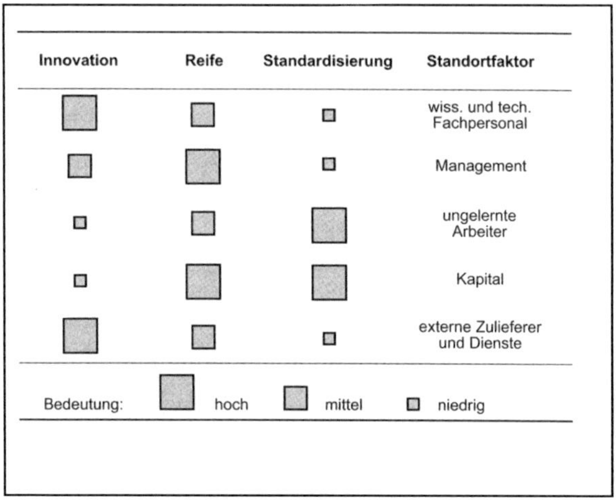

Abb.8 Bedeutung verschiedener Standortfaktoren während verschiedener Produktzyklusphasen.
Quelle: Batheld, H., Glückler, J. (2003)

Unternehmen in der Innovationsphase müssen auf eventuelle Konkurrenten und Marktbedürfnisse schnell und flexibel agieren können, so spielt neben dem Agglomerationsvorteil die Möglichkeit zur schnellen Schaffung eines leistungsfähigen Kommunikationsnetzwerkes eine wichtige Rolle. Diese Standortfaktoren prädestinieren Hauptballungsräume in hoch entwickelten Volkswirtschaften als Standort für Unternehmen in der Innovationsphase (vgl. Bathel, H., Glückner, J. 2003, S. 231). Das „Silicon Vally" in den USA bietet beispielsweise diese Standortvoraussetzungen (vgl. Nuhn, H. 1989, S. 260).

3.2 Standortfaktoren der Reifephase

Da nun eine Marktpräsens und Akzeptanz erzielt ist, ändern sich die Anforderungen an den Standort. Die in Kapitel 3.1 beschriebene Flexibilität spielt nun eher eine untergeordnete Rolle, da sich die idealen Standortanforderungen nun erkennen lassen. Die Hauptanforderungen richten sich nun nicht mehr an die FuE sondern an die Managementqualitäten. Es sollen langfristige Unternehmensstrategien aufgebaut werden. Das Management muss Kapitalinvestitionen planen, da für die nun beginnende Massenproduktion große Maschinenparks benötigt werden. Also nimmt mit Einrichtung der maschinellen Produktion die Bedeutung des Humankapitals ab. Ungelernte Arbeitskräfte gewinnen bei der Standortwahl an Bedeutung (vgl. Abb. 8). Es kann zu Standortverlagerungen von den Ballungsgebieten hinein in periphere Gebiete kommen. Auch kann hier schon ein „Sprung" in das Ausland gemacht werden, wenn dort die Standortbedingungen befriedigend sind. Da jedoch hohe Anforderungen an das Management gestellt sind, erfolgt eine Internationalisierung lediglich in entwickelte Volkswirtschaften.

3.3 Standortfaktoren der Standardisierungsphase

Die Standardisierungsphase folgt kurz auf die Reifephase, sie ist geprägt von Massenproduktion und standardisierten Produkten und Produktionsprozessen. Die Standortwahl basiert nun auf Einspaarmöglichkeiten. Die langfristigen Unternehmensstrategien sind festgelegt, das Management verliert für die Standortwahl an Bedeutung (vgl. Abb. 8). Die hohen Produktionsstandards führen dazu, dass die wissenschaftlich-technischen Fachkräfte an Bedeutung verlieren, wohingegen die Bedeutung der ungelernten Arbeitskräfte steigt (vgl. Abb.8). Auf Grund der nun niedrigen Fachanforderungen an die Arbeitskräfte kann eine Produktionsverlagerung in weniger entwickelte Volkswirtschaften erfolgen. Dies ist aus betriebswirtschaftlichen Gründen vorteilhaft, da in weniger entwickelten Volkswirtschaften das Lohnniveau meist deutlich geringer ist als in entwickelten und hoch entwickelten Volkswirtschaften (vgl. Schmidt, T. 1994). Ein weiterer Grund für die Internationalisierung sind auch die unter Umständen vergleichsweise geringen Steuern in weniger entwickelten Volkswirtschaften. Jedoch wird dabei weiterhin Wert auf eine gut ausgebaute oder leicht ausbaubare Verkehrsinfrastruktur gelegt (vgl. Bathel, H., Glückner, J. 2003, S. 232). Letztlich dient die Standortverlagerung mit ihren Rationalisierungseffekten in der Reife- oder Standardisierungsphase zu einer Verlängerung der Marktfähigkeit eines Produktes und somit auch zu einer angestrebten Verzögerung des Eintrittes in die Schrumpfungsphase.

4 Die Bedeutung der Produktlebenszyklustheorie für den Außenhandel

Die unterschiedlichen Standortanforderungen der verschiedenen Lebenszyklusphasen führen also zu einer Verlagerung der Produktion. Diese Verlagerung vollzieht sich auf Grund der Standortfaktoren von dem Agglomerationsraum über das Umland des Agglomerationsraumes hin zu peripheren Regionen der Niedriglohnländer (vgl. Abb. 9).

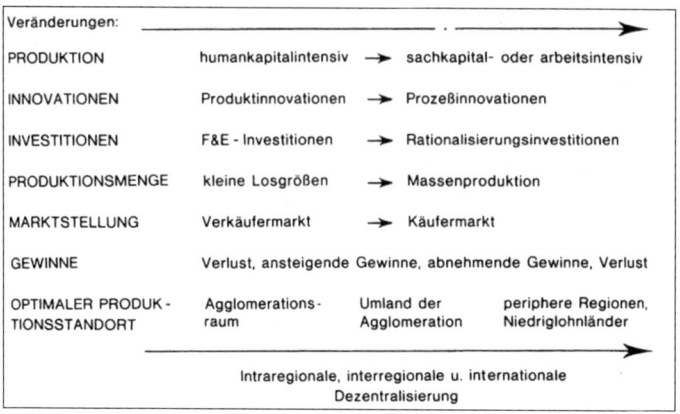

Abb.9 Veränderungen während eines Produktlebenszyklus. Quelle: Schätz, L (2001)

Die Produktzyklustheorie hat in der Praxis zur Folge, dass verschiedene Länder für Produkte verschiedener Phasen Nettoexporteur sind. Als Folge der guten Standortbedingungen für Produkte der Innovationsphase sind beispielsweise die USA Nettoexporteur für Produkte der Innovationshase. (vgl. Bathel, H., Glückner, J. 2003, S. 232). Diese Produkte sind auf Grund der FuE sehr arbeitsintensiv. Also sind die USA ein Nettoexporteur eines arbeitsintensiven Produktes (vgl. Tichy, G. 2001, S. 182). Sobald ein Produkt jedoch die Entwicklungsphase verlässt und eine standardisierte Produktion möglich ist, wird die Produktion aus Kostengründen in das, aus Sicht der USA, Ausland verlagert. So werden die USA zum Nettoimporteur für kapitalintensive Produkte. Da die USA eine hohe Kapitalverfügbarkeit aufweisen, sind sie jedoch auch ein guter Standort für kapitalintensive Produktion. Daher müssten die Außenhandelsströme in der Theorie anders herum verlaufen. Dieses „Phänomen" nennt man Leontief-Paradoxon (vgl. Bathel, H., Glückner, J. 2003, S. 232). So sind hoch entwickelte Volkswirtschaften zur Zeit der Innovationsphase Nettoexporteure, während weniger entwickelte Volkswirtschaften Nettoimporteure sind. Dieser Zustand kann sich aber auf Grund der genannten Fakten langfristig verschieben. Während sich ein Produkt beispielsweise in der Reifephase befindet, „steigen" entwickelte Volkswirtschaften, in denen dieses Produkt hergestellt wird, zum Nettoexporteur auf. Mit Einsetzen der Schrumpfungsphase können auch weniger entwickelte Volkswirtschaften vom Nettoimporteur zum Nettoexporteur werden. Je mehr sich das Produkt dem Marktaustritt nähert, desto mehr sinken auch die Exportüberschüsse des Landes, in welchem die Innovation entstanden ist. Der volkswirtschaftlich hoch entwickelte Nettoexporteur wird zu einem Nettoimporteur (vgl. Abb.10).

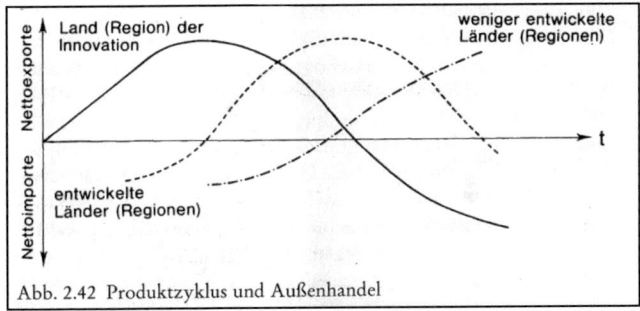

Abb. 2.42 Produktzyklus und Außenhandel

Abb.10 Entwicklung von Außenhandelsüberschüssen in verschiedenen Volkswirtschaften.

Quelle: Batheld, H., Glückler, J. (2003)

5 Fazit

Mit Hilfe der Produktzyklustheorie kann also nicht nur der „Werdegang" eines Produktes beschrieben werden, sondern mit ihr lassen sich auch Begründungen für Außenhandelsstrukturen finden und Standortwahlprozesse erklären.

Literaturverzeichnis

Batheld, B., Glückler, J. (2003): Wirtschaftsgeographie, Stuttgart.

Bockhoff, K. (1988): Forschung und Entwicklung – Planung und Kontrolle, München.

Bohnert, A., Mihály, L. (1984): Innovation und Anpassung bei Mangelwirtschaft und Wachstumsverlangsamung. In: Schüller, A. (Hrsg.): Wachstumsverlangsamung und Konjunkturzyklen in unterschiedlichen Wirtschaftssystemen, Schriften des Vereins für Socialpolitik, Band 142, S. 81-116.

Maier, J., Beck, R. (2000): Allgemeine Industriegeographie, Gotha.

Nuhn, H. (1989): Technologische Innovation und industrielle Entwicklung. Geographische Rundschau, 41, H. 4, Braunschweig, S. 258 - 265.

Nuhn, H. (1992): Empirische Ergebnisse zur regionalen Produktlebenszyklushypothese – Untersuchung in Niedersachsen. Die Erde, 123, Berlin, S. 49 - 62.

Schätzel, L. (2001): Wirtschaftgeographie 1 – Theorie, München.

Schmidt, T. (1994): Tagungsbericht der Friedrich-Ebert-Stiftung am 23. Juni 1994 in Böblingen: unter: http://www.fes.de/fulltext/fo-wirtschaft/00344002.htm (30.03.2006).

Tichy, G. (2001): Regionale Kompetenzzyklen – Zur Bedeutung von Produktlebenszyklus- und Clusteransätzen im regionalen Kontext. Zeitschrift für Wirtschaftsgeographie, 46, H. 3 - 4, Düsseldorf, S. 181 – 202.

Zingel, H. (2003): Produktlebenszyklus und strategisches Marketing, unter: www.zingel.de, Internetseiten zur Betriebswirtschaft (20.03.2006).